NOTICE

SUR LA CULTURE ET SUR LA PRÉPARATION

DU LIN,

Publiée au nom de la Société d'Agriculture pratique de l'Arrondissement du Havre,

PAR SON PRÉSIDENT

J. DOREY.

3e ÉDITION,

Publiée par la Société centrale d'Agriculture de la Seine-Inférieure avec l'autorisation de l'Auteur.

PRIX : 25 CENTIMES.

ROUEN,
IMPRIMERIE H. BOISSEL, SUCCr DE A. PÉRON,
Rue de la Vicomté, 55.
—
1864.

NOTICE

SUR LA CULTURE ET SUR LA PRÉPARATION

DU LIN,

Publiée au nom de la Société d'Agriculture pratique de l'Arrondissement du Havre,

PAR SON PRÉSIDENT

J. DOREY.

3e ÉDITION,

Publiée par la Société centrale d'Agriculture de la Seine-Inférieure, avec l'autorisation de l'Auteur.

ROUEN,

IMPRIMERIE DE HENRY BOISSEL,

Rue de la Vicomté, 55.

1864.

AUX CULTIVATEURS.

La Société d'Agriculture pratique de l'Arrondissement du Havre, vivement préoccupée de l'état de souffrance où se trouve l'industrie agricole par suite de la dépréciation qui frappe presque toutes ses denrées, croit devoir appeler votre attention sur une culture spéciale dont le produit, non-seulement, a échappé à l'abaissement général des prix, mais semble, au contraire, vouloir reprendre la position qu'il occupait autrefois. Nous voulons parler de la culture du lin.

Le pays de Caux, vous le savez, était autrefois renommé pour ses lins; il en exportait des quantités considérables, au grand profit de notre agriculture.

Depuis l'invention de la filature mécanique, notre position avait changé : nos lins, remarquables par leur finesse, ne l'étaient pas autant par leur force, et ce manque de force occasionnant un déchet plus considérable dans leur préparation mécanique, les filateurs les avaient presque abandonnés.

Cependant, quelques-uns de nos collègues, ayant étudié les causes de la préférence accordée aux produits étrangers, reconnurent que notre infériorité ne provenait pas du produit lui-même, mais seulement de la manière de le récolter, et surtout des procédés défectueux employés pour sa préparation après la récolte. Aussi s'empressèrent-ils d'apporter dans les opérations du fauage, du rouissage et du teillage, d'importantes modifications qui toutes répondirent à leur attente. Notre Société favorisa elle-même cette étude, en faisant venir à ses frais, de Belgique, un ouvrier spécial qui nous a fait connaître les procédés employés dans son pays, procédés d'une grande simplicité dont chacun peut faire l'application, et qui sont de nature à assurer le succès de la récolte, en la garantissant de toutes les chances fâcheuses auxquelles nos usages imparfaits la laissaient exposée.

Cette notice a pour but de vous faire connaître ces moyens perfectionnés ; mais nous commencerons par donner quelques détails sur la culture elle-même, détails qui ne seront pas inutiles aux personnes qui n'ont pas encore pratiqué cette branche de l'industrie agricole, et qui seraient désireuses de faire des essais pour profiter des avantages qu'elle présente.

Notre but étant l'intérêt général de l'agriculture, nous nous adressons à tous, et nous nous estimerons heureux si ce qui va suivre peut contribuer en quelque chose à faire sortir l'agriculture de la position pénible où elle se trouve aujourd'hui.

DE LA CULTURE DU LIN EN GÉNÉRAL.

Il y a trois manières de cultiver le lin :

D'abord, pour la filasse ;

Ensuite, pour la filasse et pour la graine ;

Puis, pour la graine seulement.

Les deux premières sont seules usitées dans notre pays, et chacune d'elles présente des avantages qui dépendent de la position particulière du cultivateur et des ressources dont il peut disposer.

Le lin, cultivé pour la filasse seulement, s'appelle lin en doux. Sa culture convient particulièrement aux petites exploitations ; à celles dont les terres ne sont pas riches, ou qui, vu le peu de ressources du cultivateur, ne peuvent recevoir une grande quantité d'engrais. Elle demande moins de main-d'œuvre et fatigue peu la terre.

Le lin, au contraire, dont on veut

recueillir et la filasse et la graine, exige plus de travail et épuise le sol bien davantage. Sa filasse est moins fine que celle du lin en doux, mais elle est plus forte, et, par cela même, elle convient mieux à la filature mécanique. Son rendement en poids est aussi plus considérable, et la graine est un produit qui n'est pas à négliger.

Ainsi, les deux cultures ont leur fort et leur faible. Que le cultivateur étudie la nature de ses terres, leur état d'engraissement et ses propres ressources avant de faire son choix; mais, à conditions égales, nous lui conseillerons de donner la préférence au lin en graine comme étant plus productif et plus convenable pour la filature mécanique.

Quant à ne cultiver le lin que pour la graine, nos terres sont trop chères pour qu'on puisse le faire avec avantage, et le rendement est trop faible pour qu'il puisse dédommager des frais. En effet, en admettant les conditions les plus favorables, on ne peut espérer récolter plus de trois ou quatre fois la semence; encore faut-il sacrifier, en partie, la filasse que l'on est obligé de laisser durcir pour permettre à la graine d'arriver à complète maturité, et pour éviter la dégénérescence que subissent ordinairement les graines récoltées dans notre pays.

Ce genre de culture se pratique en Russie, et c'est ainsi que se produisent la plus grande partie des graines qui nous viennent de ce pays. Mais nous ne conseillerons pas aux cultivateurs d'entrer dans cette voie. Ce que nous en avons dit n'a eu d'autre but que de faire connaître la cause de l'altération qu'éprouvent nos graines, altération qui provient uniquement de ce que, pour ménager la filasse, nous ne laissons pas à la plante le temps de mûrir complètement.

DU SOL ET DE LA MANIÈRE DE LE PRÉPARER.

Le lin demande un sol riche et très meuble, bien amendé et bien nettoyé les années précédentes. Pour le disposer à recevoir du lin, il faut s'y prendre dès le mois de septembre et lui faire subir deux ou trois bons labours préparatoires, ou un bon labour, et deux ou trois cultures à l'extirpateur.

Lorsque l'on veut employer du fumier de ferme ordinaire, il faut qu'il soit mis en terre, au plus tard, en octobre, afin qu'il soit bien consommé au moment des semailles; autrement il se produirait une inégalité très préjudiciable dans la végétation des plantes; les unes, prenant le dessus, jetteraient des branches latérales au moment où elles sont encore très basses; les autres seraient étouffées par les plus vigoureuses. Or, une semblable récolte est presque sans valeur, car la principale qualité du lin est que les tiges soient longues, égales et sans branches.

Le lin réussit aussi très bien sur un pré rompu, et sur un seul labour, pourvu que le sol ne soit, par sa nature, ni trop aride, ni trop humide. Cette manière de cultiver le lin est même la plus économique de toutes, de même que c'est dans presque tous les cas la récolte la plus lucrative que l'on puisse tirer d'un pré rompu, la première année de sa culture. Le lin cultivé ainsi donne presque toujours un produit très abondant en filasse et en graine. On doit alors labourer avec soin, immédiatement avant la semaille, si la terre est douce et légère; en automne, ou bien en hiver, dans les sols argileux, et ensuite on égalise et on ameublit la terre par un ou plusieurs hersages, suivant l'exigence des cas.

Les trèfles manqués, traités de la même

manière, conviennent aussi, pourvu que le sol soit propre et riche; il en est de même des terrains qui, l'année précédente, ont produit des plantes sarclées et que les binages d'été ont purgé des mauvaises herbes.

Un mot sur les engrais les plus convenables :

Le lin ne demande pas toujours une fumure immédiate; il peut parfaitement réussir dans des terrains engraissés de longue main; mais si l'on est pris par le temps, si l'on n'a pas déposé en terre le fumier de ferme quatre ou cinq mois à l'avance, ainsi que nous l'avons dit plus haut, on peut recourir aux engrais artificiels liquides ou pulvérulents qui peuvent être employés au moment même des semailles. En Flandre, on emploie beaucoup les urines fermentées, étendues d'eau et mélangées avec du pain d'huile broyé; les eaux ammoniacales provenant des usines à gaz, étendues de dix fois leur volume d'eau, donnent aussi de très bons résultats; en engrais pulvérulents: la poudrette, le noir de raffinerie, le noir animalisé, le guano conviennent parfaitement, parce qu'ils peuvent être étendus très également et que leur décomposition est uniforme.

Récemment en Angleterre, où l'on s'occupe beaucoup de la culture du lin, on a cherché à composer un engrais particulier ayant pour base les éléments même qui constituent la plante, et l'on signale comme supérieur à tout le mélange suivant :

Os pulvérisés.............	24 k.	50	coûtant	3 fr.	75 c.
Chlorure de potassium......	13	61		2	95
Chlorure de sodium (sel mar.)	21	77		0	31
Plâtre cuit en poudre.......	15	42		0	63
Sulfate de magnésie........	25	40		4	64
	100 k.	70		12 fr.	28 c.

Toutes ces substances, comme on le voit, sont à bas prix, et la dépense par hectare ne dépasserait pas douze francs vingt-huit centimes.

En opérant dans ces conditions et avec les ressources que nous venons d'indiquer, le cultivateur peut être certain du succès.

DU CHOIX DE LA GRAINE ET DE L'ENSEMENCEMENT.

Du choix de la graine dépend le succès de la récolte. Dans notre pays, on a l'habitude de renouveler la semence tous les deux ou trois ans, au moyen de graine tirée de Russie et connue dans le commerce sous le nom de graine de lin de Riga.

Cette graine produit dans nos climats moins de semence, mais un lin plus élevé et plus riche en filasse que celui qui provient de nos graines indigènes. Nous l'avons dit, celles-ci dégénèrent promptement; toutefois celles que l'on récolte une première année sont encore très bonnes, on doit même les préférer pour la culture du lin en doux. Elles fournissent une filasse plus fine et plus soyeuse, mais il est prudent de ne pas aller au-delà d'une année.

Bien que la graine de lin conserve longtemps la propriété de germer, il ne faudrait pas en employer qui eût plus de deux années de récolte.

La graine de Russie, pour être bonne, doit être gonflée, pesante, claire, luisante avec une teinte verdâtre, et terminée par un petit crochet. La graine du pays, plus plate et plus large, est très glissante et s'échappe facilement des doigts. La graine de Russie est plus dure au toucher et se retient plus facilement dans la main.

La bonne graine est bien égale; et, comme il y a plusieurs espèces de lins dont les graines diffèrent sensiblement entre elles, l'égalité du grain sera une preuve de l'unité de l'espèce, et une garantie contre les fraudes qui se pratiquent journellement dans le commerce. Elles consistent à acheter à bas prix les fonds de greniers ou de magasins, à prendre, pour enfermer ces graines mélangées et épuisées, les barils même qui ont servi au transport des graines de Russie, et à vendre ensuite le contenu comme étant de provenance étrangère. Ces fraudes portent un grave préjudice à l'agriculture, en trompant l'attente du cultivateur et en lui faisant perdre les sacrifices qu'il a faits pour obtenir une récolte qui lui fait défaut.

Avec ún peu d'attention, on évitera facilement d'être dupe; mais il est pour le cultivateur un moyen, sinon de faire disparaître entièrement, au moins de diminuer considérablement la fraude dont on cherche à le rendre victime : c'est de ne jamais revendre, mais de brûler plutôt, s'ils lui sont inutiles, les barils ou les enveloppes qui contenaient la graine qu'il aura achetée, car ainsi il anéantira le masque dont on se sert pour le tromper.

Le lin se sème depuis le 10 mars jusqu'au 1er mai; le lin en doux doit se semer avant le lin en graine, mais il est bon, lorsque le temps le permet, de semer plus tôt que plus tard, afin d'éviter les chances de sécheresse.

Lorsque la terre a été parfaitement égalisée et ameublie par un ou plusieurs hersages, qu'elle n'est ni trop sèche, ni trop humide, on sème à la volée et l'on recouvre par un dernier hersage suivi d'un coup de rouleau. Toutes ces opérations doivent être faites de beau temps.

Il faut par hectare :

En graine du pays..... 3 hecto.

En graine de Russie... 2 » 50.

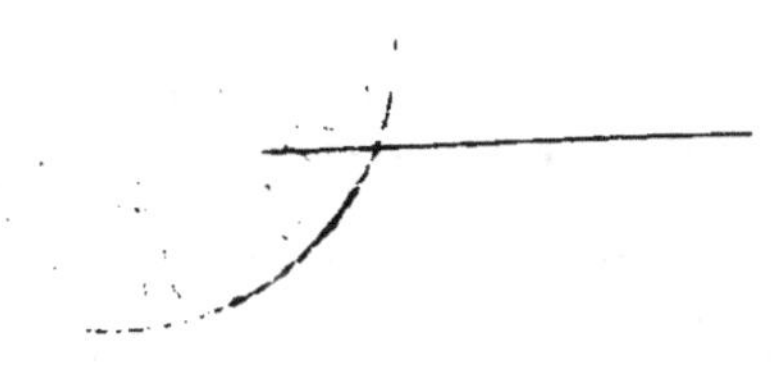

DES SOINS A DONNER A LA RÉCOLTE EN TERRE.

Plus la germination est prompte, plus la récolte a de chance de réussir. Or, il arrive quelquefois que la sécheresse arrête le développement de la graine; dans ce cas, nous conseillerons à ceux qui en ont la facilité, de faire pratiquer quelques arrosages, et ils regagneront facilement plus tard cette légère dépense.

Lorsque la plante a atteint huit à dix centimètres de hauteur, il faut procéder au sarclage, car quelque propre et bien entretenue que soit la terre, il est impossible d'éviter le développement d'une certaine quantité de plantes étrangères, dont le moindre inconvénient serait d'absorber en pure perte une partie de l'engrais du sol destiné à la plante cultivée. De plus, si on les laissait grandir avec le lin, dans certains cas elles l'étoufferaient ou bien elles s'y mêleraient au moment de la récolte. Il deviendrait alors très difficile de les en séparer, ce qui nuirait beaucoup à la qualité de la filasse. Il est donc indispensable de faire sarcler, au moins une fois, dans les terres propres, et plutôt deux fois qu'une, dans les terres imparfaitement soignées.

Cette opération doit se faire par un beau temps, au moyen d'un personnel nombreux, afin qu'elle soit promptement terminée, et les ouvriers doivent prendre le champ à contre vent pour que la plante puisse se relever plus facilement.

Une fois les sarclages terminés, il n'y a plus qu'à attendre le moment de la maturité.

DE LA RÉCOLTE.

Tout ce que nous avons dit jusqu'ici, à part quelques indications particulières relatives aux engrais, est ce qui s'est toujours pratiqué dans notre pays pour la culture du lin; mais nous voici arrivés au point où nous allons avoir à combattre d'anciens usages, et à chercher à faire prévaloir des moyens nouveaux qui, tout aussi simples que les anciens, ont sur eux l'immense avantage de préserver la récolte des chances de détérioration, ou même de perte totale, auxquelles elle restait exposée même après l'arrachage. Or, ces chances défavorables sont tellement fréquentes, qu'aujourd'hui beaucoup de cultivateurs s'estiment heureux lorsqu'ils obtiennent une bonne récolte sur quatre. Eh bien! en suivant les indications que nous allons leur donner, ils pourront facilement renverser la proportion et arriver à trois bonnes récoltes contre une mauvaise. Nous insisterons donc particulièrement sur l'adoption de ces moyens nouveaux, car c'est par eux seulement que nous pourrons assurer l'avenir de la culture du lin dans notre pays.

L'époque de la récolte dépend du produit que l'on veut obtenir.

Le lin en doux arrive ordinairement à maturité vers la fin du mois de juin.

Lorsque les feuilles commencent à jaunir sur la tige et que les fleurs les plus tardives ont disparu, le moment est venu de procéder à l'arrachage.

Ce travail se fait ordinairement par des femmes qui, à mesure qu'elles arrachent, lient le lin en paquets ou petites bottes ayant environ trente centimètres de circonférence, et qu'elles ont l'habitude de coucher derrière elles en rangées régulières à mesure qu'elles avancent; mais au lieu de coucher les poignées à plat sur le sol, il vaut mieux les planter debout, trois par trois, car s'il survenait du mauvais temps qui empêchât l'étendage immédiat, la partie de la poignée qui porterait sur la terre serait exposée à fermenter, et conséquemment à se détériorer.

Pour le lin en doux, le fanage et le rouissage ne sont pour ainsi dire qu'une seule opération, et comme il n'y a pas de graine à séparer de la tige, on y procède immédiatement après l'arrachage.

A cet effet, on retourne à la charrue le champ lui-même, on y sème de la vesce ou de l'arabette pour obtenir, soit une récolte dérobée, soit une fumure en vert, et c'est sur ce sol hersé qu'on étend le lin en couches très minces et en rangées aussi régulières que possible, en ayant soin de disposer toutes les tiges dans le même sens, c'est-à-dire la tête de la seconde rangée touchant presque les racines de la rangée précédente, et ainsi de suite. A moins que le champ voisin, correspondant à la racine des plantes, ne soit libre, il faut avoir soin de réserver, entre la dernière rangée et ce même champ, un espace vide égal à la largeur d'une rangée, autrement on se trouverait embarrassé lorsqu'il s'agira de retourner le lin pour achever le rouissage.

Le lin en graine ne se récolte ordinairement qu'un mois ou cinq semaines après le lin en doux ; sa maturité se reconnaît à la teinte jaune de ses tiges ; les capsules alors sont entièrement formées, la graine qu'elles renferment est encore molle et verte, mais elle commence à brunir ; c'est le moment de faire arracher.

Ce travail se fait comme pour le lin en doux, on lie les tiges par poignées qu'on réunit en paquets de trois, et l'on dresse les paquets sur le sol en écartant les poignées par le pied pour qu'elles puissent se tenir debout ; mais il est une autre méthode bien préférable à celle-ci et que nous allons décrire.

Les arracheuses ne lient point les poignées, elles les déposent simplement derrière elles par petits tas, en ayant soin de les croiser en divers sens pour éviter qu'elles ne se mêlent. Deux hommes suivent les arracheuses, et au lieu de disposer le lin en gerbes, ils en forment une longue muraille à double pente. (*Voir fig. 1, planche 1*).

Pour commencer ce travail, on plante en terre un piquet, et c'est contre ce piquet que l'ouvrier appuie les deux premières poignées, graine contre graine, les racines en dehors, de manière à former un toit aigu ; il allonge indéfiniment cette espèce de toit en appuyant de nouvelles poignées contre celles qui sont déjà en place, alternativement d'un côté et de l'autre.

Lorsque la rangée est terminée, et avant d'enlever le piquet, on marie ensemble par la tête et à l'aide de quelques brins de lin, les cinq ou six poignées de chaque extrémité, et le tout ainsi disposé, il faudrait un vent extrêmement violent pour le renverser.

Cette disposition a l'immense avantage de permettre à la fanaison de s'opérer plus vite et plus régulièrement ; l'air circule, en effet, partout avec une égale facilité, ce qui ne saurait avoir lieu lorsque les poignées sont réunies par des liens. Ceux-ci ont en outre l'inconvénient, lorsque le temps est pluvieux, de retenir l'eau dans la partie de la tige qu'ils compriment et de lui faire éprouver un commencement de rouissage, duquel il résulte, lorsqu'on procède au rouissage général, que certaines parties sont déjà trop avancées, lorsque les autres ne sont encore qu'à point.

Nous ne saurions trop recommander l'adoption de ce mode de fanage qui est de beaucoup supérieur à celui que l'on exécute par poignées. Il n'est d'ailleurs pas sensiblement plus dispendieux, puisqu'il suffit de deux hommes pour dix arracheuses, et que celles-ci, n'ayant pas à lier les poignées, peuvent elles-mêmes faire plus de travail.

Il faut environ huit jours, lorsque le temps est favorable, pour que la fanaison soit complète ; elle se reconnaît à la raideur des tiges et à la fermeté qu'a acquise la graine. Alors on entame la muraille par un bout, en prenant le lin par la tête, et avec des liens de paille on forme des bottes que l'on porte à la grange pour séparer la graine.

Nous devons encore faire observer qu'il est très important de ne rentrer le lin que par un temps très sec ; autrement il se couvrirait de taches qu'il est impossible de faire partir au blanchiment.

L'égrainage se fait à l'aide d'un fort peigne en fer de trente à trente-cinq centimètres de long, et à deux ou trois rangées de dents. Ce peigne se fixe sur un chevalet.

L'ouvrier prend un paquet de lin du côté des racines, il en fait pénétrer les tiges entre les dents du peigne et les retire ensuite vers lui, jusqu'à ce que toutes les capsules soient tombées ; il ne reste plus alors qu'à les battre sur le drap et à vanner, pour séparer la graine de son enveloppe.

On peut aussi obtenir la graine, sans séparer la capsule de la tige, en battant la tête sur un biliot, à l'aide d'un battoir en bois ; par ce moyen, la capsule est brisée et la graine est immédiatement libre, on n'a plus alors qu'à vanner ; mais on a reconnu que la graine se conservait mieux dans son enveloppe, et qu'il était préférable de l'y laisser jusqu'au moment de son emploi. C'est pourquoi nous engageons à donner la préférence au peigne pour la séparation de la graine.

DU ROUISSAGE.

Les fibres qui forment la filasse qu'on extrait du lin sont contenues dans l'écorce de cette plante, où elles sont agglutinées par une matière gommeuse et résineuse dont il faut les débarrasser, non-seulement pour pouvoir les séparer de la paille, mais encore pour qu'elles acquièrent la souplesse nécessaire aux usages auxquels on les destine. Le moyen qu'on emploie généralement pour séparer la filasse de cette substance gommo-résineuse, est la décomposition par une espèce de fermentation putride : c'est là le but du rouissage.

Il y a plusieurs manières de produire cette fermentation, et nous devons dire que des essais nouvellement faits semblent présager une révolution complète dans cette partie du travail du lin. Il en résulterait une industrie nouvelle, intermédiaire entre le filateur et le cultivateur, qui n'aurait plus alors à livrer au rouisseur que des lins simplement fanés, et conséquemment affranchis des chances fâcheuses que leur font souvent encourir les anciens procédés de rouissage. Mais comme dans cette notice notre intention est de décrire seulement les préparations qu'il est possible au cultivateur d'exécuter, nous laissons de côté ces procédés récents et qui ne peuvent être bien pratiqués que dans des usines spéciales ; nous ne nous occuperons que des moyens dont chacun peut disposer, et nous aurons soin d'indiquer les perfectionnements que ce genre de travail a subis depuis quelques années

Il y a deux manières principales de rouir le lin : à l'eau et au pré. Nous allons décrire séparément ces procédés qui, tous deux, ont leurs avantages, mais entre lesquels le cultivateur n'est pas toujours maître de choisir, commandé qu'il se trouve souvent par les circonstances locales.

Pour rouir à l'eau, on place le lin par bottes dans les fossés disposés à cet effet. La longueur et la largeur sont proportionnées à la quantité du lin que l'on veut rouir, et la profondeur dépasse de quinze à vingt centimètres la longueur des tiges. Les bottes se placent debout et on les maintient sous l'eau, soit à l'aide de pierres pesantes dont on les charge, soit au moyen de traverses horizontales en bois, retenues par des mortaises à de forts pieux placés de chaque côté de la fosse. Les meilleures eaux pour le rouissage sont les eaux stagnantes, mais dont la masse toutefois est renouvelée lentement au moyen d'un faible courant, ayant entrée par un bout de la fosse et s'échappant par l'autre extrémité.

Lorsque le lin a été placé sous l'eau, on doit surveiller l'opération et s'assurer si la fermentation s'établit bien également sur toute l'étendue de la fosse ; dans le cas contraire, il faut démontrer toute la masse pour la construire de nouveau, en déplaçant les bottes.

Il est assez difficile de déterminer à l'avance le temps nécessaire au rouissage dont le progrès dépend de la qualité des eaux, de leur renouvellement plus ou moins rapide et de l'état de l'atmosphère. Pour agir avec certitude, il faut donc observer la marche de l'opération sur le lin lui-même ; à cet effet, on extrait de temps en temps un échantillon pris dans l'intérieur de la masse, et l'on vérifie si la filasse se sépare de la paille avec facilité ; mais si l'on n'a pas une grande habitude, il faut faire cette épreuve sur les tiges préalablement desséchées, c'est-à-dire dans les conditions même du travail pour lequel on les prépare.

La séparation de la filasse est, en effet,

toujours plus difficile sur le lin sec que sur le lin mouillé. Pour faire l'épreuve, on brise la paille près de la racine, sans rompre la filasse, on ramène celle-ci vers la tête en la renversant et en dépouillant toute la tige qu'elle doit abandonner avec facilité ; elle doit, en outre, rester en ruban ; des filaments étroits et séparés seraient l'indice d'une opération trop avancée.

Aussitôt que l'on reconnaît que le rouissage est terminé, ce qui a lieu ordinairement au bout de dix ou douze jours, on fait immédiatement écouler l'eau de la fosse, et, si on le peut, on fait entrer de l'eau nouvelle pour laver les tiges, et pour les débarrasser de la vase et des matières colorantes qui y sont déposées. Autrement on enlève le tout, on l'étend sur un pré où on le laisse exposé quelques jours à la pluie, ce qui donne le même résultat. Ensuite, on plante les tiges debout en gerbes coniques, creuses au centre pour faire sécher avec promptitude. (*Voyez fig.* 2, *planche* 1).

Le rouissage à l'eau donne de très bons résultats, mais il demande de l'habitude pour être mené à bien ; il a, de plus, l'inconvénient de gâter les eaux, de donner lieu à des exhalaisons fétides, et, en outre, de n'être pas facilement applicable dans les localités dépourvues d'eaux courantes.

Le rouissage sur terre, qui peut remplacer le rouissage à l'eau, se pratique de la manière suivante :

Lorsque le lin est égrainé, on le reporte à la campagne. On attend généralement pour cela que les blés soient rentrés. C'est assez ordinairement sur les blèris que l'on opère l'étendage qui doit être fait, d'ailleurs, d'après les indications que nous avons données au sujet du lin en doux.

Nous recommandons particulièrement d'étendre les tiges en couches égales et aussi minces que possible. Il est nécessaire de le retourner au moins deux fois pendant la durée de l'opération, et l'on doit se hâter de le faire aussitôt que l'on s'aperçoit que des herbes se développent au milieu même des tiges du lin, ce qui arrive assez fréquemment dans les temps pluvieux, et surtout lorsque le champ a été ensemencé.

L'opération s'effectue avec des gaules longues et légères que l'on introduit à fleur de terre sous la tête du lin et que l'on soulève ensuite, en faisant pivoter la plante sur sa racine et en la renversant de l'autre côté; c'est pour que ce travail puisse s'exécuter sans obstacle, que nous avons recommandé de laisser un espace libre sur le bord du champ; il faut éviter d'entremêler les tiges, et conserver avec soin l'égalité des couches, afin que le rouissage marche également, et que tout arrive à point à la même époque.

On doit observer la marche de l'opération comme pour le rouissage à l'eau;

et aussitôt que l'on a reconnu qu'elle est terminée, il faut relever le lin et le planter debout, en petits cônes isolés et creux au centre. Dans cette position, il sèche beaucoup plus vite, et en admettant qu'il restât humide encore quelques jours, par suite de mauvais temps, la fermentation ne saurait se continuer. Il est donc bien important de ne pas laisser le lin couché à terre un jour de plus qu'il est nécessaire, car c'est de là que dépend presque toujours la bonne ou mauvaise qualité du produit. Lorsque le tout est suffisamment sec, on le remet de nouveau en bottes pour l'engranger dans un endroit aéré et exempt de toute humidité.

Le rouissage sur terre mériterait peut-être la préférence sur le rouissage à l'eau, si sa réussite ne dépendait pas en grande partie des circonstances atmosphériques.

Lorsqu'il pleut par intervalles, ou même qu'il fait tous les jours d'abondantes rosées, le rouissage marche bien. En trois semaines il peut être terminé, et il en résulte une filasse de très belle qualité ; mais par des temps très secs, on est obligé quelquefois de laisser le lin étendu pendant cinq ou six semaines, et les produits sont rarement beaux. Le rouissage à l'eau est donc plus sûr, et si nous avons fait ressortir les avantages et les inconvénients des deux procédés, c'est afin que le cultivateur, si le choix lui est permis, puisse le faire avec connaissance de cause.

DU TEILLAGE.

Jusqu'ici, les diverses opérations que nous avons décrites appartiennent essentiellement à l'agriculture, et il n'est pas de cultivateur, un peu intelligent, qui, se conformant aux indications que nous avons données, ne puisse arriver, s'il est un peu favorisé par le temps, à obtenir une bonne récolte de lin.

Maintenant, la série des travaux que nous allons exposer, bien qu'elle doive être exécutée sous la surveillance du cultivateur, appartient à des hommes spéciaux, connus sous le nom d'écoucheurs, et pour qui le teillage est un métier. C'est donc à eux que le cultivateur doit s'adresser pour faire préparer son lin et pour le mettre en état d'être livré au commerce; mais comme ces hommes n'agissent, le plus souvent, que par routine, et qu'il existe, dans la manière de procéder de presque tous, des vices qui nuisent beaucoup à la qualité des produits qui leur sont confiés, ce sera au cultivateur à les surveiller attentivement, à exiger d'eux l'emploi des moyens que nous allons indiquer, et que l'expérience a signalés comme les meilleurs et les plus avantageux.

Le teillage comprend trois opérations différentes qui ont reçu le nom de hâlage, de broyage et d'écouchage. Nous allons les décrire successivement, en indiquant les modifications à apporter aux usages locaux.

Quelque sec que soit le lin quand on le rentre dans les greniers, ou après plusieurs mois de séjour dans les granges, il ne l'est pas encore suffisamment pour que le bois, ou chénevotte, se rompe avec netteté, pour que la couche fibreuse se détache entièrement, et que les fibres elles-mêmes se séparent entre elles avec facilité.

Afin de lui donner le degré de siccité nécessaire aux manipulations qu'il va subir, il faut le hâler, c'est-à-dire l'exposer à une chaleur qui lui enlève la plus grande partie de son eau de végétation.

On hâle le lin de différentes manières : au soleil, dans des fours à cuire le pain, dans des fourneaux spéciaux ou dans un hâloir.

Pour hâler le lin au soleil, on le plante debout le long d'une muraille ou le long d'une haie, par un jour chaud et pur, dans un endroit propre, sec et bien exposé ; on répète l'opération cinq ou six jours de suite, en ayant soin de rentrer le lin chaque soir et de ne pas le laisser exposé à la rosée. Le hâlage au soleil, surtout pour les lins qui sont déjà anciens, est le plus avantageux et le plus économique; il donne constamment une filasse plus forte et plus douce que celle qu'on obtient par les autres procédés, et de plus, il n'expose pas au danger du feu. Mais comme il n'est pas toujours possible d'attendre les beaux jours, on a dû chercher des moyens artificiels conduisant aux mêmes résultats.

Les uns emploient les fours à cuire le pain et y introduisent le lin en bottes aussitôt que le pain a été enlevé; les autres font construire, soit en terre, soit en maçonnerie, des fourneaux spéciaux, de forme ronde et conique, ouverts par le haut pour le dégagement de la fumée et de la vapeur, ayant à la base un mètre cinquante centimètres et deux mètres cinquante d'élévation. Ils sont séparés à moitié de leur hauteur par un treillis en bois, et c'est sur ce treillis que l'on étend le lin. On allume dessous, avec de la chènevotte, un feu qu'on entretient avec prudence, de manière que le lin sèche partout également et ne s'enflamme pas; mais ces deux modes sont également vicieux. Dans les fours à pain, la chaleur est souvent trop forte d'abord, et elle détériore la fibre, en altérant quelques-uns de ses principes ; de plus, l'eau qui s'en dégage, n'ayant pas d'issue, se condense de nouveau sur le lin lorsque le four se refroidit ; les tiges redeviennent molles et flexibles, et la filasse perd une partie de son brillant et de sa force ; quant aux fourneaux coniques, généralement employés dans notre pays, ils ne produisent qu'un séchage imparfait, et l'on est exposé à avoir du lin enfumé et quelquefois roussi.

Pour bien hâler le lin, il faut avoir, comme en Flandre et en Allemagne, une petite chambre spéciale, un peu basse et présentant une ouverture en haut pour le dégagement de l'humidité. On y range le lin debout, par petites poignées, sur des étagères disposées à cet effet, et l'on chauffe à l'aide d'un poêle dont la porte est extérieure pour éviter toute chance d'incendie. On conduit d'abord son feu lentement, jusqu'à ce que la température ait atteint vingt-cinq à trente degrés centigrades ; on la maintient à ce point pendant un certain temps, et lorsque l'on reconnaît qu'il ne se dégage plus de vapeur par en haut, on élève la température jusqu'à quarante ou quarante-cinq degrés, et peu de temps après, l'opération est terminée. On retire le lin, on le laisse refroidir quelque temps et on peut le soumettre au broyage.

Le lin étant suffisamment sec, on doit, pour éviter qu'il ne reprenne de l'humidité, s'occuper immédiatement de séparer la filasse de la paille ou chénevotte ; pour cela, on procède d'abord au broyage.

Cependant l'ouvrier doit encore, auparavant, trier le lin, car quelques soins que l'on ait apportés dans les diverses manipulations qu'on lui a fait subir, il y a toujours dans les bottes une certaine quantité de tiges courtes, rompues ou brouillées qui enlacent les autres, et il est important, pour faciliter le travail, de les mettre dans une position convenable ou de les séparer. On le fait au moyen d'un peigne à grosses dents en fer ou en bois, assez écartées, sur lequel on passe les poignées. Les tiges courtes ou rompues qui restent dans le peigne ne sont pas perdues pour cela : on les réunit pour les broyer séparément.

L'instrument employé pour ce travail dans notre pays se nomme brie ou broie. *(Voir fig. 1, planche 2.)* Il se compose de deux pièces de bois : la première, ou mâchoire inférieure, est montée sur quatre pieds inclinés en dehors pour lui donner plus de stabilité, et est élevée d'environ soixante-dix centimètres, afin qu'elle se trouve à la portée de la main de l'ouvrier qui travaille debout. Elle est longue d'environ deux mètres sur quinze à seize centimètres d'équarrissage ; elle est creusée dans presque toute sa longueur de deux longues mortaises ayant vingt-cinq à vingt-six millimètres de largeur et qui la traversent dans toute son épaisseur. Les trois languettes que laissent ces mortaises sont taillées en couteaux non tranchants dans leur partie supérieure. La seconde pièce de bois, ou mâchoire supérieure. moins large que la première, munie d'un manche par un bout, est réunie à la partie inférieure par l'autre extrémité, à l'aide d'une cheville en fer qui les traverse toutes les deux et fait l'office de charnière. Elle est de plus armée, dans toute sa longueur, de deux languettes saillantes, taillées également en couteaux arrondis et correspondant aux deux mortaises dans lesquelles elles doivent entrer librement, pour que les tiges du lin ne soient pas pincées trop fortement.

Pour broyer, l'ouvrier saisit de la main droite par le manche et soulève la pièce supérieure de la broie ; de la main gauche, il engage le lin entre les deux mâchoires qu'il rapproche, fortement et à plusieurs reprises, en ramenant peu à peu la poignée à lui, pour que la paille soit brisée dans toutes ses parties. Il répète ce mouvement plusieurs fois en secouant le lin pour faire tomber la chénevotte, et lorsque la première partie est suffisamment broyée, il retourne la poignée pour travailler de la même manière l'extrémité qu'il tenait dans la main.

L'ouvrier exécute cette manipulation successivement sur plusieurs poignées, et lorsqu'il a ébauché ainsi environ un kilogramme de filasse, il fait du tout un paquet qu'il plie en deux, en le tordant légèrement par le milieu; c'est ce qu'on nomme ordinairement queue de cheval, ou filasse brute.

La broie que nous avons décrite, bien qu'elle soit l'instrument le plus généralement employé, est cependant défectueuse, car elle a le grave inconvénient, surtout entre des mains inhabiles, de fatiguer les filaments, de les rompre souvent, et par suite, d'occasionner beaucoup de déchet.

En Flandre, on emploie de préférence le maillage qui est plus simple et qui ménage la filasse bien davantage.

On se sert pour cela d'une pièce de bois dur, longue de vingt-huit centimètres, large de treize sur huit à neuf centimètres d'épaisseur. Cette pièce est armée en dessous, et transversalement, de cannelures prismatiques à arêtes arrondies d'environ treize millimètres, et munie en dessus d'un manche recourbé qui sert à la manœuvrer. (*Voyez fig.* 2, *planche* 2.) Pour opérer, l'ouvrier pose à terre une poignée de lin, soit sur une large pierre, soit sur l'aire d'une grange, et la retenant par un bout avec son pied, il frappe fortement avec le battoir sur la partie libre, en la retournant et en la secouant de temps en temps, jusqu'à ce qu'elle soit suffisamment broyée dans toutes ses parties. Du reste, il procède comme pour le travail à la broie, en mettant sa filasse brute en queue de cheval ; il n'y a plus alors qu'à pratiquer l'espadage ou écouchage, qui est la dernière opération à faire subir au lin, avant de le livrer au commerce.

Le lin qui a été broyé, n'est pas pour cela débarrassé de toute sa chénevotte ; il en reste encore une grande quantité qu'il s'agit d'enlever, et c'est par l'écouchage qu'on y arrive.

Cette manipulation se fait sur une planche attachée verticalement à un fort billot en bois qui lui sert de pied. (*Voir fig.* 1, *planche* 3.) Cette planche a sur le haut une échancrure demi-circulaire et arrondie sur son épaisseur ; l'écoucheur prend de la main gauche une poignée de filasse qu'il pose sur l'échancrure, en en laissant pendre environ les deux tiers, et, de la main droite, avec l'espadon ou écouche (espèce de couperet en bois mince, long de trente-cinq à quarante centimètres, large de vingt à vingt-deux, et muni d'un manche) (*Voir fig.* 2, *planche* 3), il frappe la partie du lin qui tombe le long de la planche; il la retourne et il frappe encore; et il continue ce travail jusqu'à ce qu'elle soit entièrement débarrassée de la chénevotte, et même de l'étoupe la plus grossière.

L'écouchage est une opération importante qui exige, pour être bien faite, un ouvrier exercé. Celui-ci doit tenir fortement la poignée dans sa main pour empêcher qu'il ne s'échappe de fils; il doit toucher le lin, plutôt en frottant ou en glissant, qu'en frappant, et surtout éviter de laisser tomber l'écouche perpendiculairement sur la planche; autrement il y aurait beaucoup de brins coupés et qui s'en iraient avec les étoupes.

Les Flamands qui, il faut le reconnaître, sont nos maîtres dans la préparation du lin, ont aussi modifié les appareils d'écouchage. Leur planche à écoucher est plus longue que la nôtre, elle peut avoir un mètre cinquante centimètres, et elle est assemblée verticalement dans une autre planche qui lui sert de patin. (*Voir fig.* 1, *planche* 4.) A quatre-vingts centimètres de hauteur environ, est pratiquée sur l'un des côtés une entaille de douze centimètres de profondeur et huit de hauteur. Une des arètes inférieures de cette échancrure, celle du côté où frappe l'écouche, est taillée en biseau, afin que celle-ci en tombant ne soit pas arrêtée par le bord, et ne coupe pas la filasse.

Quant à l'écouche, elle diffère peu de la nôtre, seulement elle est moins longue; mais pour compenser ce raccourcissement, elle est garnie, dans le haut et sur la partie extérieure, d'une lame en bois qui dépasse en avant, et qui sert à donner de la force au coup. De plus, le manche est mi-plat, ce qui le rend moins susceptible de tourner dans la main. (*Voir fig.* 2, *planche* 4.) Leur manière de travailler est du reste la même que la nôtre; chez eux, comme chez nous, l'ouvrier ne doit quitter une poignée que lorsqu'elle est complètement nettoyée; alors il la lie avec quelques brins de filasse, environ aux trois quarts de sa longueur du côté de la tête de la plante; dans cet état, le lin est prêt à être mis en balles pour être vendu.

NOTA. — *On doit éviter de travailler et surtout de hâler le lin quand il fait très froid, le chauffage par un temps de gelée pouvant le dénaturer complètement,*

MANIÈRE DE LIVRER LE LIN.

Pour la régularité des transactions, on a l'habitude de donner aux balles de lin un poids à peu près uniforme. Elles se composent ordinairement de cent vingt à cent vingt-cinq poignées, et pèsent environ cinquante kil. à cinquante-cinq kil.

Pour confectionner une balle, on commence par prendre deux poignées que l'on croise en sens inverse, les racines en dehors et la tête de chacune correspondant au milieu de l'autre ; l'on continue à les placer ainsi alternativement dans un sens et dans l'autre, jusqu'à ce qu'on ait réuni le nombre déterminé de poignées. Ensuite on lie le tout à l'aide de trois cordes placées à peu de distance des bouts, et au milieu.

En emballant, le cultivateur doit éviter de mêler les lins de qualités différentes, car outre que cela pourrait être considéré comme une fraude, il est toujours préférable de vendre séparément chaque qualité pour ce qu'elle vaut, que de chercher à obtenir un prix moyen, qui est toujours inférieur à la moyenne des deux prix isolés, l'acheteur faisant naturellement entrer en ligne de compte la peine qu'il aura à opérer le triage.

DU PRIX DE REVIENT.

Pour compléter notre travail, il nous reste encore à indiquer le prix de revient des diverses opérations que nous venons d'énumérer, et le rendement que l'on peut espérer. Ces prix et ce rendement sont calculés, bien entendu, sur ce qui se passe dans l'arrondissement du Havre, et ce calcul a pris pour base les renseignements fournis contradictoirement par nos cultivateurs les plus éclairés.

Suit le prix de revient.

Prix de revient du produit d'un hectare de lin :

Fermage... Fr.	90	—
Impositions	15	—
Intérêts du mobilier	20	—
Labour et façon, après labour, semaille comprise..	90	—
Graine à semer	118	—
Engrais	176	—
Sarclage	27	—
Cueillette et étendage	41	—
Battage de la graine	9	—
Rouissage	37	—
Teillage (1)	159	—
TOTAL... Fr.	782	00

PRODUIT

Lin non roui...	4865 kil.			
Lin roui	3200 à 3300 »			
Lin teillé	660 »	à 110 fr.	726	915
9 hecto graine.		à 21 »	189	
BÉNÉFICE... Fr.				133

(1) Voir page 57 la note relative au teillage mécanique du lin.

CONCLUSION.

Nous voici arrivés au terme de notre tâche. Ainsi que nous l'avions annoncé, nous avons parcouru successivement les diverses phases que présentent la culture et la préparation du lin Nous avons décrit, aussi simplement et aussi clairement qu'il nous a été possible, les divers travaux à exécuter pour arriver à obtenir des résultats avantageux.

On peut avoir confiance dans les renseignements que nous avons donnés, car ils ont tous été puisés aux meilleures sources, et ils s'appuient sur les données de l'expérience. Nous souhaitons que les cultivateurs cherchent à en tirer profit et dirigent leurs efforts vers une culture dont les circonstances semblent devoir favoriser le développement.

En effet, l'invention du filage mécanique du lin doit nécessairement contribuer à rendre à cette plante le rang qu'elle occupait autrefois dans nos usages journaliers, et qu'elle mérite si bien par les qualités qui lui sont propres. Le coton qui l'avait momentanément remplacée, devra indubitablement lui céder la place, et cette révolution que nous faisons pressentir, sera, si nous savons en profiter, une nouvelle source de prospérité pour notre agriculture.

Note de la Société centrale d'Agriculture de la Seine-Inférieure.

L'œuvre de M. Dorey, remontant à 1852, ne pouvait comprendre le teillage mécanique du lin qui était alors à peu près inconnu dans la Seine-Inférieure; mais depuis douze ans, des usines, montées sur le système inventé par M. Bourdon, de Gueures, ont été établies sur plusieurs points; les principales se trouvent dans les vallées de Gueures et de Ganzeville; il en existe aussi dans la vallée de la Scie et à Criel. Les cultivateurs trouveront dans ces usines d'utiles et de faciles débouchés pour leurs produits, quelle que puisse en être l'abondance.

Et à cet égard, les prévisions de la Société centrale se sont réalisées; la culture du lin est aujourd'hui divisée en deux parties bien distinctes : l'une, la culture proprement dite, qui constitue la part du cultivateur; l'autre, le commerce et la transformation du lin en produits œuvrés, qui appartient à l'industrie.

Cependant la Société centrale a pensé qu'il convenait de publier la brochure de M. Dorey, avec tous les renseignements qu'elle comporte sur le teillage à la main, afin que les cultivateurs qui voudront employer ce mode d'extraction de la filasse puissent y puiser des notions utiles, et sur les instruments employés, et sur les moyens de s'en servir.

Rouen. — Imp. de H. Boissel, succ. de A. Péron, rue de la Vicomté, 55.

Planche 1.

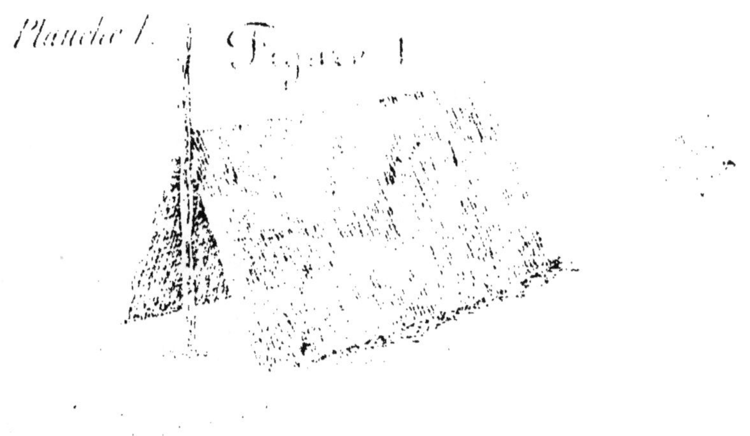

Figure 1

Figure 2.

Planche 2.

Figure 1

Figure 2

Planche 3

Figure 1

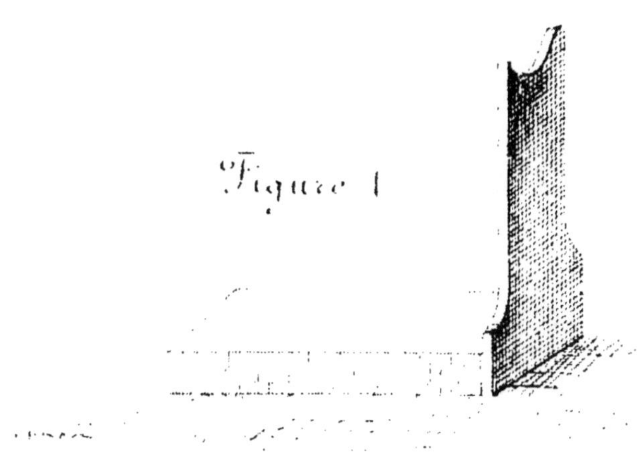

Figure 2

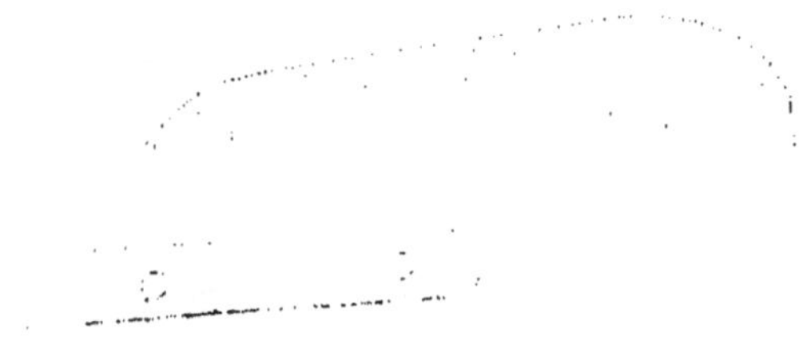

www.ingramcontent.com/pod-product-compliance
Lightning Source LLC
LaVergne TN
LVHW011956160826
845678LV00002B/578